如果动物也有朋友圈

空中动物

知舟 著

北京理工大学出版社
BEIJING INSTITUTE OF TECHNOLOGY PRESS

用图文并茂来形容《如果动物也有朋友圈》这套书，是远远不够的。适合青少年阅读的书，一是故事性，二是趣味性，三是文学性，三者有机融合，才算优秀童书。从这个角度看，这套书做到了，作者独具匠心，构思奇特，形式奇巧，内容奇妙，科学与文学结合得浑然天成，用生动活泼的文学语言书写鲜为人知的动物知识，值得高度关注和热忱点赞。

——动物小说大王　沈石溪

儿童对于自然的好奇是与生俱来的，而在大自然的万事万物中，动物因其可爱奇特、好动有趣，是最让儿童感兴趣的。

这是一套好玩的书。不管是文风还是画风都让人忍俊不禁，我在书稿的阅读中，多次忍不住笑出声来。在动物的朋友圈中，有人晒颜值，有人晒获奖，有人晒绝技，有人晒娃；有人点赞，有人评论，生动鲜活，犹如我们人类的朋友圈，有叱咤风云的“大哥风”，有叛逆热血的“中二风”，有萌萌哒的“可爱风”，等等。

这是一套知识极其丰富的书。从地上跑的到天上飞的，从水里游的到地下打洞的，囊括了形形色色的小动物。动物们晒圈晒出了自己最重要的特点，孩子可以快速了解小动物。这种典型的微科普，非常符合孩子的认知规律。

这是一套培养孩子科学精神的书。这套书带着孩子们上天、入地、下海，探索大自然各种生命的奥秘，培养孩子的探索精神。书中大量使用悬念设问的方式，激发和守护孩子的好奇心，又不时打破坊间一些常见的错误认识，培养孩子独立思考的意识和质疑精神。对小动物拟人化的描述，有的勇敢、有的乐观、有的谨慎、有的顽强……科学的态度和人格精神也潜移默化地传递给了孩子们。

这套书稿，我真的是爱不释手。孩子，这套书可以是你的玩伴，也可以作为你手边查询的工具书，还可以作为你训练科学表达的讲解手册。

——北京自然博物馆科普教育部　高源

目录

颜值研究小组（6）

开个屏吧

谁是本群颜值担当?

选项	票数
1. 开个屏吧	2
2. “着了火”的鸟	1
3. 我是小红帽	1
4. 是鸟不是蜂	1
5. 快乐的长脚	1
6. 小火鸡呀	0

开个屏吧

这个投票你们是认真的吗？你们真觉得自己是本群颜值担当吗？

“着了火”的鸟

我认为我是，我一身火红的羽毛，远看就像着了火似的，能不好看吗？

我是小红帽

我觉得我才是。鹤类本来就美，我又是鹤类中最漂亮的。在这个群里我就是“鹤立鸡群”。

快乐的长脚

比腿长谁能比过我？我这腿不仔细看还以为踩着高跷呢。

是鸟不是蜂

我虽然个头小，但浑身闪烁着金属的光泽，闪瞎你们。

开个屏吧

@小火鸡呀 火鸡，你怎么不说话？

小火鸡呀

我投的是你呀，我觉得你最漂亮，简直就是偶像。

“着了火”的鸟

你就是个马屁精！

快乐的长脚

什么拍马屁，他们俩是远房亲戚，以为谁不知道似的。

是鸟不是蜂

什么？他们是亲戚？ 那就是作弊。

小火鸡呀

谁作弊了，我就是觉得他最漂亮不行吗？看看人家五颜六色的羽毛，再看看你们的，能比吗？

我是小红帽

只注重表面，肤浅！听过仙鹤没有？说的就是我。连神仙都喜欢我，你们怎么和我比？

小火鸡呀

反正我就是投我偶像的票，我偶像最漂亮，颜值最高。

“着了火”的鸟

你这就是老孔雀开屏——自作多情！

开个屏吧

既然你说到开屏这事，我就不得不亮出这个绝活了，让你们开开眼。

小火鸡呀

偶像，我也会开屏，我们一起表演。

开个屏吧

你一边待着去吧，用得着你吗？

小火鸡呀

你……算了。我提议重新投票，刚才我点错了，我不想投给自作多情的孔雀。

开个屏吧

……

孔雀

昵称：开个屏吧

孔雀号称“百鸟之王”。成年雄孔雀的身体全长有2米，尾上覆羽就有1.5米长。头顶有蓝绿色的羽冠；尾上覆羽非常艳丽，尤其是当它开屏后，简直美不胜收。不过只有雄孔雀有尾屏哦。

开个屏吧

感谢《鸟类时尚杂志》的摄影师拍出不一样的我。大家要记住，你们一样不缺美，只是缺少发现美的相机。

中国 · 云南西部

♡ “着了火”的鸟，我是小红帽，是鸟不是蜂，快乐的长脚，小火鸡呀

“着了火”的鸟：好看！打 call！

我是小红帽：颜色丰富就是不一样，我们一身黑白，看着确实不如你惹眼。

是鸟不是蜂：我的颜色也丰富呀，时尚杂志怎么不邀请我呢？

快乐的长脚：我觉得一般，身材不行，腿比我短得多。

小火鸡呀：偶像，开个屏吧。

开个屏吧回复小火鸡呀：叫我干啥？

小火鸡呀：我是说，你开个屏吧。你不是要比美吗？怎么不开呢？

我开屏是为了与别人比美？ NO

开个屏吧 动物有话说 30 分钟前

我是“开个屏吧”，一只雄性孔雀。

一提到我，想必大家脑海中马上闪出四个字：孔雀开屏。我长着色彩艳丽的尾上覆羽，它可以像一把大折扇一样展开，非常漂亮。

我的尾上覆羽通常是收起来的，很多人认为我看到漂亮的东西时，就会开屏来进行一场颜值比赛。其实，我才没那么无聊。

通常，我开屏是为了向孔雀姑娘炫耀自己的魅力。到了繁殖的季节，我不仅会展开五色缤纷的尾上覆羽，而且还会跳各种优美的舞蹈，以此来吸引孔雀姑娘的注意。孔雀姑娘会根据我们尾上覆羽的颜色和舞蹈的姿态来选择心仪的对象。

当遇到危险时，我也会开屏。我的尾上覆羽上有很多圆形的斑，就像许多眼睛一样。如果遇到敌人来不及逃跑，我就会突然开屏，抖动尾屏。敌人看到我像一只“多眼怪兽”一般，就不敢贸然进攻了。

受到惊吓时，我也会开屏。比如，人类穿着大红大绿的衣服，大声谈笑，都会惊扰到我。这时候，我开屏是为了示威和防御。结果我被误认为是要与穿着漂亮的人比美。不得不说，这些人还真臭美。

对了，我要告诉你们一件事。长得漂亮的、有长长尾上覆羽的，都是像我这样的孔雀小伙。孔雀姑娘没有尾上覆羽，长得也土里土气。

火烈鸟

昵称：“着了火”的鸟

火烈鸟喜欢结群生活，往往成千上万只聚集在一起，通常生活在湖泊、沼泽、海边等地方，主要吃藻类和浮游生物。火烈鸟最大的特点就是披着一身朱红色的羽毛，而且年纪越大，羽毛颜色越红。这是为什么呢？

“着了火”的鸟

我就站在你面前，你看我几分像从前?

大西洋 · 加勒比海域

♡ 我是小红帽，是鸟不是蜂，快乐的长脚，小火鸡呀，开个屏吧

我是小红帽：真实的女大十八变啊，很漂亮。

快乐的长脚：你是不是偷偷动刀子了，把医生推给我吧。

“着了火”的鸟回复我是小红帽：你不是也一样吗?

“着了火”的鸟回复快乐的长脚：怎么可能，就是长大长开了。你也很美，不用动刀子。

小火鸡呀：身上是不是抹了一层粉?

“着了火”的鸟回复小火鸡呀：抹什么粉呀，我从来不化妆。

我身上的火焰色，是吃出来的

“着了火”的鸟 动物有话说 1小时前

诸位朋友好，我是“着了火”的鸟，一只成年红鹳。我的羽毛主要是朱红色的（也有少量粉红色和白色），光泽闪亮，远远看上去，就像一团熊熊燃烧的烈火。所以，大家通常都叫我火烈鸟。

很多人都羡慕我有一身火红的羽毛，但大都不知道，这火红的颜色并不是天生的，也不是涂了什么化妆品，而是吃出来的。

我长着一个镰刀形的长喙。吃饭时，我会把长长的脖子垂下去，把长喙埋进水里，一边走路一边用长喙把水中的藻类、小甲壳动物搅得漂到水面上。然后，长喙把水吸进去，筛出食物，把水排出。这些藻类和小甲壳动物中含有红色的类胡萝卜素。类胡萝卜素在我的羽毛中积存起来，就使羽毛变成了火焰般的红色。

我刚出生的时候，体内没有红色的类胡萝卜素，长喙也没有发育成型。随着慢慢长大，长喙发育成型，我就会从食物中渐渐摄取红色的类胡萝卜素了，羽毛就逐渐变成了红色。

所以说，我的这身火红的羽毛是名副其实吃出来的。

丹顶鹤

昵称：我是小红帽

丹顶鹤俗称仙鹤，象征着长寿。它体态优美，一举一动都似一个优雅的舞者。它的舞蹈可以有上百个动作，不同的动作表达的意思也不同。丹顶鹤通体主要是黑白两色，只有头顶有一块鲜红色，像戴了一顶小红帽子，为什么会这样呢？

我是小红帽

上周举办的“动物武术大会”上，我被评选为“五大拳手”之一，照片是我正在表演“白鹤亮翅”的招式。

中国 · 黑龙江流域

♡ 是鸟不是蜂，快乐的长脚，“着了火”的鸟，小火鸡呀，开个屏吧

是鸟不是蜂：真武林高手，佩服！

快乐的长脚：真武林高手，佩服！

“着了火”的鸟：哇！好优美的姿势。你头顶的那顶小红帽子比我的羽毛还要红。

小火鸡呀回复“着了火”的鸟：他头上那个小红帽子可是有剧毒的。

我是小红帽回复小火鸡呀：那是谣言，你不知道就别乱讲好不好啊。

开个屏吧：就是，还有说我的胆有剧毒的，都是谣言。

我再重申一遍：剧毒“鹤顶红”和我没关系

我是小红帽 动物有话说 2小时前

大家好，我的微信名字叫“我是小红帽”，是一只漂亮的丹顶鹤。

我的特征非常明显，白色的身体、黑色的腿脚、黑色的尾部次羽覆盖着白色的尾部飞羽、黑白相间的脖子和红色的头顶。其中最为人瞩目的就是红色的头顶，这也是我的名字“丹顶鹤”的由来。这个红色的头顶还闹来一场大误会。

在古装剧和武侠剧中经常会出现一种剧毒——鹤顶红，一旦入口就会置人于死地。自古以来，人们就认为，鹤顶红就是我头上的“丹顶”。这简直就是污蔑。像我这样体态高雅、美丽大方的，而且被称为“仙鹤”的漂亮大鸟，怎么会有剧毒呢？

其实，所谓的鹤顶红是一种叫红矾的化学物质，它还有一个更为人熟知的名字：砒霜。因为它的颜色很像我的“丹顶”的颜色，人们就给它起了个很文雅的名字“鹤顶红”。

至于我的丹顶，它不是红色的羽毛，而是一块硬硬的皮肤，上面有无数颗小肉瘤。因为这里血管丰富，所以显得特别红。

换句话说，我其实是个秃头，也多亏这个“丹顶”，掩饰了我秃头的尴尬。

火鸡

昵称：小火鸡呀

火鸡住在美洲大陆，脖子和腿像鹤，尾巴像孔雀一样可以开屏。火鸡性情温顺，平时喜欢在地上活动，但是也可以飞几千米远。它很早就被人类驯养。

小火鸡呀

对面的女孩看过来，这里的表演很精彩……

北美洲 · 温带森林

♡ 是鸟不是蜂，快乐的长脚，开个屏吧，“着了火”的鸟，我是小红帽

是鸟不是蜂：哇！原来你也会开屏呀！

快乐的长脚：了不起，了不起。

小火鸡呀回复快乐的长脚：不敢当，展示个小小才艺而已。

开个屏吧：有什么了不起，和我比简直就是盗版。

“着了火”的鸟：就是，名字里也带个“火”字，不会是盗版我的名字吧。

小火鸡呀回复“着了火”的鸟：我这名字说来就话长啦。

除了可以吃，你们对我还有什么了解？

小火鸡呀 动物有话说 1天前

我的微信名是“小火鸡呀”，其实我是一只体格很大的成年火鸡。这期的文章是我写的。

一提起我，你们就会想到香喷喷的火鸡肉，除此以外对我的了解就非常非常少。

比如，我为什么叫火鸡？我的英文名字叫“Turkey”，意思是“土耳其”。我原本生活在美洲大陆。后来，欧洲人来到美洲后，觉得我头红身黑，很像穿着土耳其人的服装，就干脆叫我“Turkey”。

不过火鸡并不是我唯一的名字。人们发现我后，觉得我很好吃，就开启了全球火鸡贸易。我被卖往世界各地，于是就有了各种各样的名字：在美国和欧洲叫土耳其鸡、在土耳其叫印度鸡、在印度叫秘鲁鸡、在中东地区叫希腊鸡、在希腊叫法国鸡、在马来西亚叫荷兰鸡……唉，连我自己都搞不清有多少名字。

除了被拿来做美食，我还为发电做贡献呢。我的粪便一直被用来作为发电的燃料。50万吨的粪便可以产生55兆瓦的电力。

顺便说一句，我们火鸡男女有别，不仅外貌长得不一样，粪便形状也不同。雄火鸡的粪便是J字形，雌火鸡的粪便是螺旋形的。

这些你是不是第一次听说？

刀嘴蜂鸟

昵称：是鸟不是蜂

刀嘴蜂鸟是蜂鸟中体型最大的一种。它身上泛着金属的光泽，迎着阳光飞行时，可以呈现出多种多样的色彩，比彩虹都漂亮。它飞行时会发出像蜜蜂一样的嗡嗡声。它的嘴非常长，比身体还要长。

是鸟不是蜂

看到长刀一样的嘴，我就忍不住吟诗一句：“我自横刀向天笑！”

南美洲 · 安第斯山脉

♡ 小火鸡呀，开个屏吧，快乐的长脚，“着了火”的鸟，我是小红帽

小火鸡呀：好家伙，嘴比身体还长！

开个屏吧：这嘴确定不是 P 的吗？

是鸟不是蜂回复开个屏吧：哈哈，你也有羡慕的时候呀？

“着了火”的鸟：确实是太夸张了，堪称鸟类第一长嘴。

我是小红帽：只想问问，长这么长的嘴巴生活方便吗？

是鸟不是蜂回复我是小红帽：没办法，生活所迫嘛！

要不是为了生活，谁愿意长这么长的嘴呢？

是鸟不是蜂 动物有话说 3 天前

我是“是鸟不是蜂”，一只刀嘴蜂鸟。

我的外貌特征非常明显：通体铜绿色，就像出土的青铜的颜色，古朴典雅；黑黑的嘴就像一把又长又锋利的寿司刀。不过，我觉得叫我“针嘴蜂鸟”更贴切，毕竟我的嘴不是像刀那样扁平的，而是像针那样圆管状的。

如果按身体比例来说，我的嘴是所有鸟类中最长的，比我的身体都要长。这么长的嘴给我带来很多不便。我不能低着头休息，否则长嘴会戳到树枝上，导致自己站不稳。我也不能像其他鸟类那样用嘴梳理羽毛，只能用一种蹩脚的方式，抬起一条腿，用小爪子梳理羽毛。

我之所以长这么长的嘴，完全是生活所迫。

大家都知道，蜂鸟喜欢吃花蜜。我的主要食物就是一种叫西番莲的花蜜。西番莲花的花冠超过 10 厘米长，我的长嘴恰巧可以伸到花朵中去吸取花蜜。假如我的长嘴短一点，就吃不到了，就得饿肚子。

我的舌头比嘴更长，平时像卷尺一样卷着，进食的时候，我的长舌头会吐出来，以每秒 13 次的速度吸取花蜜。

我还是一个大吃货，一天要吃掉相当于我自身体重一半的花蜜。

黑翅长脚鹬 yù

昵称：快乐的长脚

黑翅长脚鹬长着黑色的翅膀、白色的身体、红色的双腿。它的双腿非常长，就像踩着两根高跷似的。如果它的双脚能站在地上，看上去就像骨折了一样。你知道为什么吗？

快乐的长脚

哈哈哈哈……双脚完全站在地上可真别扭！

亚洲 · 东北平原

♡ 我是小红帽，“着了火”的鸟，小火鸡呀，开个屏吧，是鸟不是蜂

我是小红帽：怎么啦？腿骨折了？

“着了火”的鸟：真的假的？看着挺吓人的。

小火鸡呀：这就是腿太长的缺点，细麻秆一样，承受力差。

是鸟不是蜂：我宁愿腿长点，腿骨折也不怕。

开个屏吧回复是鸟不是蜂：你嘴长啊，可以嘴骨折呀，哈哈哈。

快乐的长脚：哎，我这是标准的站姿，你们这群没文化的鸟。

鸟类最标准的站姿，你可能从没见过

快乐的长脚　动物有话说　1天前

我是“快乐的长脚”，一只黑翅长脚鹬。昨天我在朋友圈里发了一张照片，结果大家都以为我腿骨折了，纷纷发来私信，表示慰问。这让我哭笑不得，不知该为朋友们的关心而感动，还是该为朋友们的无知而悲哀。

不知道大家发现没有，我的膝盖弯曲的方向好像和人类是相反的。

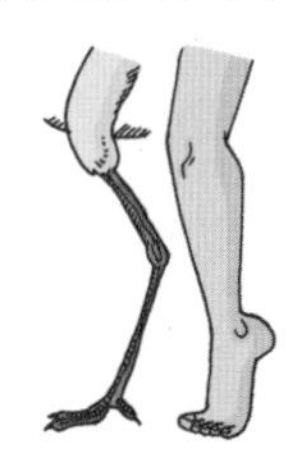

其实，在你们看来像是我膝盖的地方，并不是我的膝盖。那个反着弯曲的关节是什么呢？哈哈，那是我的脚后跟，你一定没想到吧。而我的爪子与地面接触的部分，仅仅是脚趾。相当于我平时是踮着脚在走路。我的脚从脚趾到脚后跟很长很长。

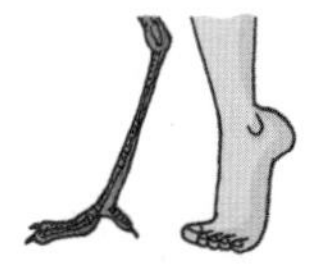

当然了，不光我是踮着脚走路，麻雀、乌鸦、鸡、鸽子等都一样，所有的鸟类，都是踮着脚站着的。不信，你可以去观察观察。

猛禽炫技会（5）

"夜猫子"加入了群聊

"空中活导弹"加入了群聊

夜猫子

请问这是个什么群?

我乃雕兄

自己看，猛禽炫技会。

夜猫子

原来如此。请问你们有什么技可炫呀?

我乃雕兄

我威武雄壮💪，竖起头上的羽毛就像雷达，可以让我听得更清楚。

夜猫子

雕虫小技🙄，这我也会。其他人呢?

空中活导弹

夜猫子，还认识我吗?😆

夜猫子

哟，是你呀? 你确实挺有两下子的，你的绝技就是高空俯冲，不要命地俯冲。

空中活导弹

算你有见识。😎

夜猫子

@秃头大鸟 @秃脸大鸟 你们兄弟俩呢?

秃头大鸟

看名字"秃头"你就知道了。

秃脸大鸟

就是，看我名字“秃脸”。

夜猫子

秃头、秃脸算什么绝技? 

秃头大鸟

秃头让我更方便进食，不会感染细菌生病。

秃脸大鸟

我的秃脸和我的颜值有关，脸越黄越漂亮。

空中活导弹

我知道你俩是谁了，一个是喜欢吃腐尸的秃鹫，一个是喜欢吃粪便的白兀鹫，对不对?

秃头大鸟

没错，我就是大名鼎鼎的秃鹫，他是白兀鹫。

夜猫子

这么重口味，我才不和这样的人在一个群。

空中活导弹

我也一样。夜猫子，咱们退吧。

我乃雕兄

两位兄弟且慢，我拉错人了。马上踢掉他们。

“秃头大鸟”被移出了群聊

“秃脸大鸟”被移出了群聊

秃鹫 jiù

昵称：秃头大鸟

秃鹫是体格高大的猛禽，它的翅膀展开可以长达3米。虽然有巨大的翅膀，但它飞翔的能力不太行，喜欢利用气流在空中翱翔。秃鹫是个秃头，据说这和它吃东西有关。

秃头大鸟

新买的假发套，大家看看效果怎么样？

非洲 · 大草原

♡ 秃脸大鸟，我乃雕兄，空中活导弹，夜猫子

秃脸大鸟：大哥，我这张秃脸可以戴头套吗？

秃头大鸟回复秃脸大鸟：想戴就戴呗。

我乃雕兄：戴上假发照样掩饰不住你那丑陋的气质。

秃头大鸟回复我乃雕兄：滚，小心我跟你红脸。

空中活导弹：不懂就问，你红脸咋了，是被抓的吗？

夜猫子：真笨，红脸就是它生气了，要打架啦。

为了健康，我只好秃了头

秃头大鸟 动物有话说 40 分钟前

朋友们好，我是“秃头大鸟”，一只秃鹫。

见过我的朋友一定好奇：作为一只鸟，不是应该满身长满漂亮的羽毛吗？为什么我却是个大秃头呢？

告诉大家，我为了健康，只好牺牲颜值，变成一个大秃头了。

我是食腐动物，主要以其他动物的尸体为食。在进食的时候，我经常要把头伸进动物的尸体里面。如果长满羽毛，我的头就会一团糟，粘满烂肉、血迹。我的嘴可以清理羽毛但清理不了头部。这样，就会滋生无数细菌，导致我生病，甚至死亡。光秃秃的脑袋可以防止粘上太多的腐肉，而且还可以直接晒太阳进行杀菌。

其实，不光头秃，我们秃鹫家族中有很多成员连脖子都是光秃秃的。除了为了健康，秃头和光脖子还能体现谁强谁弱。当我们秃鹫之间发生抢食的时候，胜利的一方头和脖子会变成鲜艳的红色，败退的一方头和脖子的颜色会从红色变成白色。

当然了，谁胜谁负最终还是要看谁的个头更大。

白兀wù鹫

昵称：秃脸大鸟

白兀鹫的羽毛大部分是白色的，也有一些黑色的羽毛。它生活在开阔的干旱地区，很喜欢吃其他动物的粪便。它的脸是黄色的，这和它喜欢吃粪便有关。

秃脸大鸟

今天的相亲大会上，我是全场最靓的仔。哈哈哈哈！

非洲 · 埃及

♡ 秃头大鸟，空中活导弹，夜猫子，我乃雕兄

秃头大鸟：你哪里靓？真看不出来。

空中活导弹：同样看不出来。

夜猫子：360 度看不出来。其他的鸟眼睛都有毛病吧。

秃脸大鸟：你们这是嫉妒，理解理解。嘿嘿！

我乃雕兄：请问怎么做才能像你一样吸引全场女士的目光呀？

秃脸大鸟回复我乃雕兄：去吃屎吧。

我乃雕兄回复秃脸大鸟：不说就不说，怎么侮辱人呢你！

想变得像我一样帅，就去吃屎吧

秃脸大鸟　动物有话说　2 小时前

诸位好，我是“秃脸大鸟”，一只白兀鹫。

刚才我收到了“我乃雕兄”的信息，说要教训我一顿，理由是在朋友圈中我侮辱了他，叫他去吃屎。我本来想跟他好好解释的，可是他把我拉黑了。我写了这篇文章澄清一下，以免引起误会。

大家都知道，我的脸是秃秃的（原因和秃头大哥一样），脸色是橙黄色的。有的鸟美不美看羽毛，有的看体格，有的看舞蹈才艺，而我们白兀鹫的审美呢，就是看脸的颜色。谁的脸色越黄，谁就越帅。

牛粪、羊粪中含有大量的黄色的类胡萝卜素，它可以使我的脸色变得更黄，更明亮。所以，我就会通过吃牛羊的粪便来吸收黄色的类胡萝卜素，从而让自己的脸变得更黄，更能吸引异性的关注。

这些粪便中会有大量的寄生虫，吃了是有危险的，容易生病。如果我的脸色很黄，表示吃了很多粪便而没有发生意外，也说明了我的身体非常强壮。

所以，我跟“我乃雕兄”说“去吃屎吧”绝对不是侮辱他，而是真的告诉了他我受欢迎的秘诀。

当然，我忽略了我和他不是同一种鸟，才造成了误会。

角雕

昵称：我乃雕兄

角雕是非常强壮的大型猛禽，长着一对黑色的利爪和一个尖锐的喙。它生活在美洲的热带雨林，平时喜欢站在高高的树冠上，像个王者一样搜寻周围的猎物。一旦锁定猎物，角雕就会扇动翅膀发起攻击。

我乃雕兄

想做一个 360 度无死角的帅大雕真是太难了。

南美洲 · 热带雨林

♡ 空中活导弹，夜猫子，秃脸大鸟，秃头大鸟

空中活导弹：侧颜帅出天际，正颜一泻千里。

夜猫子：这莫非就是传说中的……哈哈哈！

我乃雕兄回复夜猫子：你给我闭嘴！

秃脸大鸟：雕大哥不仅块头大，脸盘子也格外大。

秃头大鸟：请问，你用的什么洗发水居然能让头发竖起来，我也想用用。

我乃雕兄回复秃头大鸟：首先你得有头发。

我头上竖起的羽毛，其实是我的雷达

我乃雕兄 动物有话说 8小时前

兄弟们好，我是“我乃雕兄”，一只角雕。

见到我的兄弟，都会惊叹我强壮的体格和硕大的利爪。我站立时的身高有1米左右，一对大翅膀展开能超过2米。我的爪子几乎和人的手掌一样大，看起来就像远古时期迅猛龙的爪子一般。即使再坚硬厚实的皮肉也会被我的尖爪轻松撕裂。

但是，当你们看到我的头时，瞬间就会觉得我很好笑。我的头上有两个羽毛的顶冠，不知道的还以为是一对耳朵。头上的顶冠可以收起来，也可以竖起来。当这些顶冠竖起来时，我的整张脸就变得圆圆的像个盘子，显得非常滑稽。

很多鸟在受到惊吓、恐惧的时候，羽毛会竖起来，就像人受到惊吓汗毛耸立一样。但我竖起羽毛可不是因为害怕，而是因为头上的羽毛竖起来，可以引导声波传入我的耳朵里，就像是雷达一样。

现在你知道了吧？虽然竖起羽毛的圆脸盘让我面相看起来滑稽，但却是我的秘密武器。

游隼 sǔn

昵称：空中活导弹

游隼的体长通常有40多厘米，是一种中型猛禽。它非常凶猛，就连比它大得多的其他猛禽也敢于攻击。它平时的飞行速度并不快，但从高空俯冲的速度是鸟类中最快的，时速可以超过300千米。高空高速俯冲是游隼的招牌攻击方式。

空中活导弹

升空！向下！俯冲！

亚洲 · 华北平原

♡ 秃头大鸟，秃脸大鸟，我乃雕兄，夜猫子

秃头大鸟：真是太帅气！

秃脸大鸟：+1，真的是帅气。

我乃雕兄：同样都会飞，为什么你如此优秀，你是“秀儿”吗？

空中活导弹回复我乃雕兄：我不是“秀儿”，我是空中活导弹。

夜猫子：到了晚上我让你变成小傻蛋。

升上高空，像导弹一样，向下俯冲

空中活导弹 动物有话说 3 小时前

大家好，我是“空中活导弹”，一只游隼。

你们一定好奇我为什么叫“空中活导弹”，但只要你看过我捕猎的场景，就知道这个名字有多生动贴切了。

我和其他的猛禽捕猎方式不大一样。其他猛禽大都喜欢捕捉地面的猎物，而我捕捉和攻击的目标通常是飞在空中的其他鸟类。大多数人都觉得我飞行速度一定很快。其实，我的飞行速度并不快，但我俯冲的速度是鸟中冠军。

当我发现空中的目标后，我会先迅速升上高空，占领制高点，然后将翅膀折起来，头收缩到肩部，整个身体像一颗子弹一样，以每小时 386 千米的速度俯冲向目标，凭借强大的冲击力利用爪子将猎物制服。升上高空，然后再快速向下俯冲，这种方式和导弹的发射非常相似。

这种俯冲的方式非常危险，在俯冲过程中，即使击中眼睛的一粒沙子也能像子弹一样致命。

但我的俯冲攻击也确实像一枚导弹一样威力十足，不要说鸽子、野鸭，就算是强大的金雕、黑鸢在空中也会躲着我。

猫头鹰

昵称：夜猫子

猫头鹰是一个庞大的家族，成员有 130 多种，其中大部分都喜欢在夜晚活动。它们的面部和猫很像，头又宽又大，一对眼睛长在头的前方，而不像其他鸟那样长在两侧。它身体的很多构造都是为了方便在夜晚活动。

夜猫子

我的自拍照和别人拍我的照！

亚洲 · 华北平原

♡ 我乃雕兄，秃头大鸟，秃脸大鸟，空中活导弹

我乃雕兄：哈哈哈，你不会用夜景模式呀！

秃头大鸟：你的眼睛在晚上是真亮。

秃脸大鸟：还有个月牙儿，不仔细看还以为包公呢。

夜猫子回复秃脸大鸟：哈哈哈，要的就是这个拍照角度。

空中活导弹：你出门了吗？你要出门别来我家捣乱啊！

夜猫子回复空中活导弹：我的黑夜，我的马，我想咋耍我咋耍。

我为黑夜而生

夜猫子 动物有话说 5小时前

朋友们，晚上好！我是“夜猫子”，一只猫头鹰。

从我的名字，大家就知道我喜欢在夜晚出来活动。在黑黢黢的晚上，我就是天空的主宰者。

很多鸟类在白天的视觉都非常灵敏，但一到了晚上就变成了睁眼瞎，而我恰恰相反。我的眼睛就像大口径、长焦距的望远镜，里面有无数的柱状细胞，能够感受外界极微弱的光信号。如果在白天，强烈的阳光会对我的眼睛造成很大伤害，但到了夜晚，却看得清清楚楚。

另外，我的听觉也非常奇特。我的大脸盘由密集的羽毛组成，是一个很好的声波收集器。我左右耳是不对称的，左耳耳洞比右耳耳洞更宽阔，两耳距离也比较远，可以用来增强对声波的分辨率。当我听到微小的动静时，就会转头，让声音传入我两个耳朵的时间产生差异，从而可以分辨出声音的方位，然后迅速出击。

另外，我的羽毛非常柔软，翅膀上长有天鹅绒般的羽绒，这让我在飞行时的声音非常小，一般的动物根本就听不到。

锐利的眼神、灵敏的听力和悄无声息的飞行技巧，等对方发现我时，已经在我的利爪之下啦。

四小坏蛋群（4）

红肚子海盗

欢迎三位兄弟来到本群！！

乌鸫不是乌鸦

你是不是搞错了，你是想拉乌鸦进群的吧。我不是乌鸦，也不是坏蛋。

红肚子海盗

没搞错，你要不是坏蛋，我就是活菩萨了。

乌鸫不是乌鸦

在鸟界谁不知道你呀，自己不抓鱼，专门抢其他鸟捕的鱼，地地道道的坏蛋呀。可我哪里坏了呢?

红肚子海盗

我观察你好几年了，你家树下的那只猫，你有事没事就往人家头上拉一泡屎，还说不是坏蛋。

乌鸫不是乌鸦

我只是记仇而已。再说，那只猫老想欺负我家孩子，我必须得教训教训他，让他长长记性。

布谷布谷

坏就坏呗，哪那么多理由。

乌鸫不是乌鸦

闭嘴。要说坏，谁也比不过你。自己的孩子自己不养活，丢到其他鸟窝里，让别的鸟养。这还不算，关键你的孩子还把其他鸟的孩子推出巢外摔死，简直是心狠手辣。而且，你们祖祖辈辈都是这个德行，完全是可以进博物馆的坏蛋。

布谷布谷

那又怎样? 你也说了，我们祖祖辈辈就是这样。不这样做，我们就活不下来了。

啄木头呀

打断一下。我啄木鸟可是“森林医生”，怎么会被拉进这个坏蛋群呢?

红肚子海盗

哈哈哈，你别给自己贴金了，前几天我还看见你把一棵好端端树啄出一个大坑。估计那棵树现在已经死掉了，真可怜。

啄木头呀

你不懂别瞎说！那棵树病得太重，不治将恐深呀！

乌鸫不是乌鸦

你这话骗别人可以，但骗不了我。你不过就是为了吃树里面的虫子而已，什么治病，装高尚。

啄木头呀

那不管怎么说，我是不是可以吃掉很多坏虫子? 如果不吃掉它们，是不是会有很多树木遭殃? 就算我不是个好医生，但也不能说我是坏蛋吧?

乌鸫不是乌鸦

这个倒是不假。

布谷布谷

要按这么说的话，我在森林也天天吃很多害虫，起码也做了很多有益的事情，也不算坏蛋吧。

乌鸫不是乌鸦

这个……这个我不管，反正我不是坏蛋。

红肚子海盗

你们什么意思? 那这么说，我不适合捕鱼，我不去抢就得饿死。所以，我也不是坏蛋！

军舰鸟

昵称：红肚子海盗

军舰鸟是一种体型比较大的海鸟，它的嘴巴又长又尖，前端像钩子一样弯。它的飞行速度特别快，每秒可以飞 110 多米，就像离弦的弓箭一样。但身为如此强悍的海鸟，它竟然不擅长捕鱼，反而喜欢像强盗一样打劫其他海鸟捕捉的鱼。

红肚子海盗

此路是我开，此树是我栽，要打此处过，留下买路财！

大西洋 · 加勒比海域

♡ 乌鸫不是乌鸦，布谷布谷，啄木头呀

乌鸫不是乌鸦：你可真是名副其实的海盗啊。

红肚子海盗回复乌鸫不是乌鸦：混口饭吃而已嘛！

布谷布谷：挺着个大红肚子，真难看！

红肚子海盗回复布谷布谷：也就比灰不溜秋的你好看“亿点点”吧。

啄木头呀：天天啄木头都腻了，真想去海边啄鱼。

但凡我能自食其力，又何苦去做海盗

红肚子海盗 动物有话说 1天前

诸位好，我是“红肚子海盗”，一只雄性军舰鸟。听到“军舰”两个字，你可能会猜，我是长得像军舰，还是喜欢绕着军舰飞呢？

其实都不是，我最早的名字是 frigate bird。frigate 是中世纪海盗们使用的一种帆船，后来不知怎么就改成了军舰鸟。这说明，我最初名字是和海盗有些关联的。

海盗驾着船在海上抢劫船只。我呢？飞在空中抢劫其他海鸟捕获的鱼。当我发现其他海鸟捕到鱼时，就会猛冲上去，迫使他们把鱼给我留下。他们听话还好，胆敢不听话，我上去就是一顿猛啄，直到他们服软乖乖把鱼丢下。

唉，其实我做“海盗”也是有苦衷的。身为海鸟，我的脚掌小得可怜，连海鸟最基本的划水技能都做不到位。我的羽毛缺少油脂，不能很好地防水，假如我冲进海里去抓鱼就必须短时间内飞离水面，一旦翅膀被沾湿了没能及时甩干，就可能葬身海中。所以，我只能捕获一些海面上的鱼类。

因为我的自主捕猎能力非常差，为了填饱肚子，就只好四处去打劫了。

至于我的红肚子，其实那是雄性军舰鸟的喉囊。我们把喉囊像气球一样鼓胀起来，是为了向雌性军舰鸟表达爱意。

dōng

昵称： 乌鸫不是乌鸦

乌鸫的外貌很像乌鸦，除了黄色的喙和黄眼圈，全身都是黑色的。它看起来并不凶猛，但非常记仇。如果你无意中惹到了它，它会见你一次攻击你一次，而且攻击的方式极具侮辱性。

乌鸫不是乌鸦

找不同：请找出我与乌鸦最明显的三个不同之处。

亚洲 · 长江中下游

♡ 啄木头呀，布谷布谷，红肚子海盗

啄木头呀：太简单了，腿、嘴和眼圈。

乌鸫不是乌鸦回复啄木头呀：厉害！

布谷布谷：名字也不一样呀。

红肚子海盗：你和乌鸦是兄弟吧。

乌鸫不是乌鸦回复红肚子海盗：不是。

红肚子海盗回复乌鸫不是乌鸦：名字像，长得更像，肯定是。

乌鸫不是乌鸦回复红肚子海盗：说不是就不是，告诉你，我脾气不好，别惹我！

小心点！惹了我，我让你尝“粪便轰炸”的滋味

乌鸫不是乌鸦 动物有话说 33 小时前

各位好，这篇文章是我写的，我是一只乌鸫，因为全身的羽毛都是黑色的，经常被人错认为是乌鸦，所以我给自己取了名字“乌鸫不是乌鸦”。

虽然我不是乌鸦，但我的性格中有很多和乌鸦很相似的地方。其中，我们最相似的地方就是具有极强的报复心。

如果你不小心惹到了我，那你就算是上了我的“黑名单”啦！我会牢牢记住你的相貌特征，飞到你的头上，然后优雅地甩下一堆粪便。我用粪便攻击稳、准、狠，虽然杀伤力不大，但侮辱性极强。更关键的是，在我的概念中没有双方扯平这一说，而是我见你一次用粪便轰炸你一次。

活该！谁让你惹我呢。

即使你没有惹我，但你的存在让我感觉到不安全，我也会主动找你的麻烦。尤其是在我哺育幼鸟的时期，你看我一眼，我都会觉得你是不怀好意。接下来，我就会对你进行高空粪便轰炸了。

活该！谁让你让我感到危险呢。

大杜鹃

昵称： 布谷布谷

杜鹃是森林中常见的一种鸟，背部暗灰色，腹部灰白色。它喜欢在清晨鸣叫，每分钟可以叫 20 几次，能连续叫半个小时。因为叫声像“布谷”，所以又叫它“布谷鸟”。杜鹃虽然吃各种害虫，却是一种非常“无耻”的鸟。

布谷布谷

一张老照片：我和把我养大的妈妈。

亚洲 · 华北平原

♡ 红肚子海盗，啄木头呀，乌鸫不是乌鸦

红肚子海盗：哪个是你呀？

布谷布谷回复红肚子海盗：左边是我。

啄木头呀：你怎么比你妈妈大这么多？

乌鸫不是乌鸦：就是，而且长得还一点都不像。

布谷布谷：这是我的养母，不是我的生母，当然不一样啦。

我可能是最“无耻”的鸟

布谷布谷 动物有话说 30 分钟前

大家好，我是“布谷布谷”，一只即将做妈妈的雌性杜鹃。之前，我看了很多其他鸟的文章，大都是在吹嘘自己有多了不起。今天这篇文章中，我“自黑”一下，让你们认识一下我——最“无耻”的鸟。

作为一只杜鹃，我有三不原则：不筑巢、不孵蛋、不育儿。我让别的鸟帮忙养我的孩子。我会偷偷守在其他鸟的巢穴边，趁他们不在时，偷偷在他们的巢中产一枚蛋。这些鸟会同时孵化我的蛋和他们自己的蛋。

通常，我的蛋孵化需要的时间比较短，会最先破壳而出变成幼鸟。小杜鹃一出来，就会将鸟巢里的其他鸟蛋一个个地推出巢去，只剩下自己一个独享“养父母”的恩宠。

可怜的“养父母”不得不四处奔波，为小杜鹃寻找食物。小杜鹃一天天长大，长得比鸟妈妈都要大许多许多，但“养父母”从来不怀疑，不辞辛苦地喂养着小杜鹃。小杜鹃直到成年，才会离开。

这就是杜鹃的成长故事。说出来真是太惭愧啦！

啄木鸟

昵称： 啄木头呀

啄木鸟的嘴又硬又直，就像凿子一样；爪子非常有力，可以牢牢抓住树干；尾巴可以起到小板凳的作用。啄木鸟喜欢吃藏在树皮下的虫子，就像是为树木治病的医生。不过，它真的是为了树木治病吗？

啄木头呀

小虫子啊小虫子，你到底藏在哪里呀？

欧洲 · 森林

♡ 布谷布谷，乌鸫不是乌鸦，红肚子海盗

布谷布谷：为了一个小虫子，你犯得着吗？

乌鸫不是乌鸦：树说：“我没病，你别治了！”

啄木头呀回复布谷布谷：没事啄着玩儿呗。

啄木头呀回复乌鸫不是乌鸦：治什么病，我就是捉个虫子吃而已。

红肚子海盗：都说你是森林医生，我看你是个庸医啊！

啄木头呀回复红肚子海盗：我不过是一只喜欢啄木的鸟而已。

咱来聊聊“森林医生”

啄木头呀　动物有话说　1小时前

一个医生嘴巴尖，天天出诊去林间。这敲敲，那听听，要动手术把头点。

大家知道这个谜语说的是谁吗？没错，就是我“啄木头呀”，一只啄木鸟。因为我整天在大树的身上用嘴巴敲敲打打，捕捉藏在树皮下的虫子，被人们立了一个“森林医生”的人设。

其实，“森林医生”这个人设我是万万不敢当的。

没错，我的确可以帮助树木除掉一些害虫，但那并非为了树木治病，而是为了填饱我的肚子。

有时候，虫子藏得很深，我会毫不留情地将树木啄出一个很大很大的洞，甚至会破坏树干的结构组织。最后，虫子除掉了，树木也活不成了。

有时候，我会在健康的树上啄出许多孔让树木流出汁液。这些汁液会吸引来许多虫子，让我美美地饱餐一顿。而树，就只能平白遭罪啦。

有一些啄木鸟像蝉一样喜欢吃树的汁液，不过比蝉要贪婪得多。

还有的啄木鸟喜欢储藏食物。橡树啄木鸟就会在树上啄出无数个小洞，把树啄得千疮百孔，然后在每一个小洞里储藏一个橡子。

所以，这么来看，尽管我是一名“森林医生”，但是有时候也会用力过猛。

我所做的一切不过都是为了自己的生存，从来没有想过要一个好的人设，或者坏的人设。

智商研讨中心（4）

空中快递员

几位兄弟都在家吗?

哇哇大老鸹

在家，怎么了?

报喜之鸟

我在外面薅羊毛呢，准备搭个新窝，什么事?

空中快递员

《鸟类世界》杂志要举办一场“聪明之鸟选拔赛”，你们都受邀请了，由我负责给你们送邀请函。

鸟中口技王

这个比赛好，先给我送，我看看要怎么比。

哇哇大老鸹

送什么邀请函，直接把冠军的奖杯给我送来不就行了? 

报喜之鸟

大老鸹，你的意思是你赢定啦? 

哇哇大老鸹

那当然了，出去打听打听，谁不知道我大老鸹聪明。“乌鸦喝水”的故事听过没有，那就是夸咱聪明的。

空中快递员

不见得吧。我还听过“狐狸和乌鸦”的故事，你被狐狸三言两语就骗了。

哇哇大老鸹

闭嘴，好好送你的快递，没你的事，少插嘴!

空中快递员

不好意思，这次比赛本鸟也受到邀请了。

哇哇大老鸹

凭什么？就凭送快递？

空中快递员

没错，就凭我认路，能准确地送达快递。你们谁行？

鸟中口技王

要这么说的话。我能模仿很多鸟叫，还能模仿人类的语言，你们谁行？

报喜之鸟

我是唯一一个能在镜子中认出我自己的，你们又有谁行？

空中快递员

行行行，你们都行，那就在比赛中见个高低吧。

哇哇大老鸹

正合我意，快点把邀请函送来，千万别迷了路，或者发生什么意外。

空中快递员

你可真是一只乌鸦，长了一张乌鸦嘴！

乌鸦

昵称：哇哇大老鸹

乌鸦是不招人喜欢的鸟，它浑身上下黑乎乎的，还长着一张大嘴，喜欢“哇哇”地叫。虽然长得不讨喜，但它特别聪明。它的聪明程度简直让你想象不到。

哇哇大老鸹

古时喝水法和今天的喝水法。

亚洲 · 华北平原

♡ 鸟中口技王，报喜之鸟，空中快递员

鸟中口技王：大老鸹这小伙子打小就聪明。

报喜之鸟：古有大老鸹叼石子喝水，今有大老鸹插吸管喝水。

哇哇大老鸹回复报喜之鸟：这叫与时俱进，跟上时代发展的步伐。

空中快递员：咱们鸟界中，就数你最聪明。

哇哇大老鸹回复空中快递员：这还用说，举世公认的。

如果非要给我贴一个标签，我希望是两个字“聪明”

哇哇大老鸹 动物有话说 2天前

哇、哇，我是“哇哇大老鸹”，一只乌鸦，俗称老鸹。我知道，有很多人不喜欢我，因为我长得黑不溜秋的，像块煤，叫声“哇、哇”的也很难听。

我虽然形象不好，却特别聪明，而且是超乎你们想象的聪明。

黑猩猩会制作简单的工具而被人称赞，其实我也会。我会用弯曲的小树枝做成钩子，伸进树洞里把虫子勾出来。我还会把树叶扔到水中当作鱼饵引诱小鱼游过来，趁机捕捉。

我喜欢吃坚果，比如核桃。但是核桃壳太硬了，我啄不破。我就把它从高高的树上丢下来，一次不行就再来一次，直到把核桃摔碎。如果我生活在城市周围，就不会用这种笨办法了。我会叼着核桃来到十字路口，等路灯变红汽车都停下来时，我就会来到马路上，把核桃扔在斑马线上，然后回到马路边等。路灯变绿后，汽车开动就会把核桃压碎。这时，我再飞到路上，开始享用“核桃大餐”。

我不仅能想出如此绝妙的办法，而且还懂得“红灯停、绿灯行”的人类交通规则。你们说，我是不是非常聪明呢？

鹦鹉

昵称：鸟中口技王

鹦鹉是像乌鸦一样聪明的鸟，但比乌鸦要受欢迎得多。鹦鹉的种类特别多，形态各有不同，大多数羽色艳丽。鹦鹉还有一门绝技，就是它的“口技”超群，不仅可以模仿许多鸟的叫声，还能模仿人类的语言。

鸟中口技王

“能言社”相声小剧场正式上线啦！希望大家有空了都来坐一坐，听一场我的相声，谢谢大家啦！

大洋洲 · 内陆地区

♡ 报喜之鸟，空中快递员，哇哇大老鸹

报喜之鸟：恭喜兄弟，居然可以自己开相声专场啦！

鸟中口技王回复报喜之鸟：谢谢，谢谢。

空中快递员：你应该多印点宣传单，我帮你发。

鸟中口技王回复空中快递员：小本生意，宣发不起，靠口碑去征服观众。

哇哇大老鸹：我也想学相声，能教我吗？

鸟中口技王回复哇哇大老鸹：你一张嘴就“哇哇”，太丧了，算了吧。

鸟中有善口技者，唯模仿罢了

鸟中口技王 动物有话说 1天前

大家好，我是“鸟中口技王”，一只鹦鹉。相信从我“口技王”的这个名字，大家就应该知道我很擅长“口技”。正因为这一点，人类常常将我作为他们的宠物，教我学说人类的语言，和他们对话。

为什么我可以说“人话”呢？除了因为人类不断地教我外，还和我的身体构造有关。我的口腔比较大，舌头又圆又肉又软。更重要的是我发声的鸣管与其他鸟类的不同。我的鸣管的管壁非常薄，是薄膜状的，当空气通过时，很容易就能发出声来。鸣管外面有非常发达的肌肉，通过肌肉的收缩和放松可以改变鸣管的形状，从而发出不同音调的声音。

我的口技绝活并不是天生的，而是通过不断学习掌握的。比如，人类必须长期教我，我才能形成习惯，开口说一些人类的语言。

不过，我的口技说到底是一种模仿，我并不知道自己模仿的语言的意思。所以，当我跟人们说“你好”时，我并不是真的在打招呼，只不过是模仿人类的语言表演一下口技而已。

喜鹊

昵称：报喜之鸟

喜鹊是常见的一种鸟，身体呈黑白两色。它们喜欢几只在一起活动，非常机警，觅食的时候，总是会有一只承担守卫的工作。喜鹊看似温顺，但战斗力爆表。即使面对巨大的猛禽它们也敢于迎战。

报喜之鸟

今天就把话放到这儿，凡是胆敢侵犯我领空的，不管你是谁，都免不了挨一顿毒打。

亚洲 · 华北平原

♡ 空中快递员，哇哇大老鸹，鸟中口技王

哇哇大老鸹：好兄弟，干得漂亮👍，就是这么硬气！

空中快递员：好厉害，居然连老鹰都敢惹。

报喜之鸟回复空中快递员：你怕它，我可不怕它，见了它就是"啷啷"两拳。

鸟中口技王：你不是报喜的祥鸟吗？原来这么凶呀！

报喜之鸟回复鸟中口技王：鸟儿不可貌相，海水不可斗量！你多了解了解我吧。

军事家、收藏家、建筑师，哪个名头我都担得起

报喜之鸟 动物有话说 20 分钟前

“喳喳喳”，我是“报喜之鸟”，一只喜鹊。大家都知道，我的名字中带个“喜”字，被人们当作一种吉祥的鸟。他们认为，我要是在谁家门口的枝头上叫，就预示着这家将有喜事发生。

但你不知道，我还是优秀的军事家、收藏家和建筑师。

面对强大的对手，我和我的伙伴会事先沟通好战术，大家一起协力合作，采用“敌进我退，敌疲我扰”的军事策略，不停地引诱、骚扰对手，直到对手体力不支，落荒而逃。

我是个收藏家，除了收藏贮存食物外，我最喜欢收藏亮闪闪和颜色鲜亮的东西，比如玻璃、塑料球、铁片等。有的人还利用我这个爱好，将我丢进废弃的金矿区帮助他们寻找碎金子。

我还是个优秀的建筑师，建造的巢穴堪称鸟巢中的豪宅了。我建筑巢穴所用的材料非常广泛，枝条、泥巴、羽毛、杂草，乃至人类废弃的铁丝、焊条。为了让巢穴更加舒适，我甚至可以冒险去薅猫、羊、羊驼等动物的毛。

鸽子

昵称：空中快递员

鸽子是一种非常可爱的鸟，喜欢发出“咕咕咕”的叫声。它们的飞行能力比较好，一般一天可以飞接近1 000千米。鸽子认路的本领非常强，基本不会迷路。因此在很早以前，人们就用鸽子来传递信息。

空中快递员

给自己打一个广告：飞鸽快递，使命必达，绝不放您的鸽子！发快递，请认准飞鸽快递！

亚洲 · 华北平原

♡ 鸟中口技王，报喜之鸟，哇哇大老鸹

鸟中口技王：用过你家的快递，确实很好，很准时。

报喜之鸟：点赞，服务好，时间快。

空中快递员：@鸟中口技王 @报喜之鸟 谢谢两位的肯定，我一定砥砺前行，再接再厉。

哇哇大老鸹：差评，上次我买的指南针，你就没有给送到。

空中快递员回复哇哇大老鸹：亲，已经给你解释过一次了，指南针在我们这里属于违禁品，我们不运送的。

我为什么不运送指南针？

空中快递员 动物有话说 1天前

大家好，我是“空中快递员”，一只鸽子。

我的认路本领非常强，在交通和通信不发达的古代，我就被人类用作传递信息的工具。即使在上千千米之外，我也能找到方向，准确地飞回家里。

你知道这是为什么吗？是因为我自带强大的导航系统。

地球其实就像一块巨大的磁铁，周围布满了看不见、摸不着的磁场。而我天生就具有对地球磁场的感知能力。这种强大的地磁感觉能力能为我的飞行进行导航，让我不会迷路。

但是，如果在我的身上绑上一块磁铁，或者具有磁场的东西，比如指南针，就会扰乱周围的磁场，使我的地磁感知发生偏差，找不到正确的方向。

当然，除了地磁感知能力，我也会通过太阳和星星来判断方向。如果在同一条路线上飞过很多次后，我也会利用地面上的一些标志物作为判断方向的依据。

但不管我采用哪种方法判断方向，身上带着磁铁都会对我的飞行方向造成影响。所以说，虽然指南针是指示方向的工具，可对于我来说，却是令我迷路的东西。

另类美交流组（4）

木鞋嘴

真是气死我啦！

戴头盔的鸟

发生什么事了?

木鞋嘴

我申请加入那个颜值群，居然被拒绝了。他们什么意思?

戴头盔的鸟

还能什么意思，嫌你颜值不够高，不想加你呗。

木鞋嘴

我长得这么周正，而且高大威武，这颜值还不够高吗? 

大胸松鸡哥

你看看你那张嘴，像个大皮靴似的，眼睛看起来总是凶巴巴的，一副不高兴的样子，颜值哪里高了?

木鞋嘴

你高? 明明是个公松鸡，结果长着一对大胸脯，真够丢脸的。

大胸松鸡哥

不懂就不要人身攻击好不好? 我这是气囊，不是胸。

戴头盔的鸟

其实那个群的都挺高傲的，尤其是孔雀。以前我也在那个群，后来因为伺候老婆“月子”变得消瘦了很多，就被踢了。

木鞋嘴

踢你也正常。你成天戴着头盔，还长着一张弯弯嘴，颜值也一般。

红腿红嘴红眼圈

你们说的是“颜值研究小组”那个群吗?

大胸松鸡哥

对，就那个群。

红腿红嘴红眼圈

你们说我能进那个群吗?

戴头盔的鸟

你？够呛。他们肯定觉得你眼圈红红的，说你是个熬夜不良少年。

红腿红嘴红眼圈

我的眼圈越红，说明我越美呀。再说了，火鸡就在那个群，我看它的颜值就非常普通。

戴头盔的鸟

火鸡那家伙会巴结孔雀，会拍马屁，你会吗? 

木鞋嘴

去什么去? 就在这个群玩吧。

大胸松鸡哥

就是，他们不懂得欣赏咱们的美，何必要去和他们强行凑一起。

鲸头鹳

昵称：木鞋嘴

鲸头鹳是一种像鹳的大鸟，个头和常见的白鹳差不多。但是，鲸头鹳的头要比其他鸟大得多，是所有鸟中头最大的。它的喙也非常大，看上去就像鲸鱼的头一样，所以叫鲸头鹳。因为长相呆萌和行为怪异，深受人们喜爱。

木鞋嘴

吃了5分钟了，总是咬不住这条小鱼，真愁人！

非洲 · 中央内陆

♡ 戴头盔的鸟，红腿红嘴红眼圈，大胸松鸡哥

戴头盔的鸟：鱼是什么滋味呀？我还从没吃过呢。

红腿红嘴红眼圈：同问，我也没吃过。

木鞋嘴：楼上两位的问题我没法回答，我天天吃鱼也不知道鱼是什么滋味，都一口就吞进肚子了。

大胸松鸡哥：作为一个新晋网红，连条小鱼都吃不到，怪不得人家叫你“鸟中哈士奇”！

木鞋嘴回复大胸松鸡哥：你懂什么？是这条鱼和我的大嘴巴不匹配而已。

说我“傻、呆、笨”，那是你们不了解真正的我

木鞋嘴 动物有话说 2天前

诸位好，我是“木鞋嘴”，一只鲸头鹳。我最明显的特征就是有一张又大又宽的嘴，形状就像荷兰木鞋似的。

我是一个新晋网红，被大家称呼为“鸟中哈士奇”，意思是说我蠢笨、弱智（这里无意诋毁哈士奇先生，其实你很聪明，只是太活跃了）。比如，我会无缘无故地给人们鞠躬，拔下自己身上的羽毛送给别人，一条小鱼半天也吃不下去，站在雨中一动不动淋雨，等等。

其实，这不是我本来的面目。

无端给人鞠躬、拔下羽毛送人，其实是动物园的饲养员对我进行训练导致的行为，目的是吸引游客。

半天吃不下一条小鱼也不是我笨，而是我的大嘴不适合吃小鱼。我的大嘴专门用来捕捉大型的鱼，比如肺鱼、鲶鱼。当然了，如果遇到幼年的小鳄鱼，我也会一口把它咬住，吃进肚子里去。如果要我吃小鱼，那无疑就是逼张飞绣花。

站在雨中一动不动不是我傻，也不是我喜欢淋雨，而是我捕猎的方式。我会在浅水区一动不动地盯着水面，等待猎物出现，一旦猎物出现，就迅速发起攻击。我的攻击非常迅速，用不了一秒的时间，但为了这一秒钟，我可以耐心站上几个小时。

所以说，虽然我长得萌萌的，但绝对不是“傻、呆、笨”。

双角犀鸟

昵称：戴头盔的鸟

双角犀鸟是一种大型的鸟，体长超过了 1 米，长着长长的大嘴，头上有一个又大又宽的盔突，两边有两个角状的突起，像犀牛的大角，又像古代武士戴的头盔，很是气派。双角犀鸟又被称为“爱情鸟”，知道为什么吗？

戴头盔的鸟

为了家庭，没日没夜地寻找食物！男人真累！

亚洲 · 中南半岛

♡ 红腿红嘴红眼圈，木鞋嘴，大胸松鸡哥

红腿红嘴红眼圈：看你确实是累，都瘦了。

戴头盔的鸟回复红腿红嘴红眼圈：哎，男人哭吧哭吧不是罪。

木鞋嘴：不要抱怨，这是你的责任。

大胸松鸡哥：你老婆呢？你们不是鸟中爱情典范吗？怎么不一起劳作？

戴头盔的鸟回复大胸松鸡哥：老婆正在坐月子。

在“月子”中，才能体现出什么是好丈夫

戴头盔的鸟 动物有话说 4 天前

大家好，我是“戴头盔的鸟”，一只成年雄性双角犀鸟。最近我非常忙，非常累，我的老婆生了小宝宝，目前正在“坐月子”，而我要伺候“月子”。

我被视为鸟类中的模范丈夫、好老公，这一点在伺候“月子”的这段时间能充分得到体现。

我们先找一个树洞，老婆住进树洞里产蛋，孵育。在孵育期间，我的老婆和我一里一外，用泥沙、木屑、食物残渣等东西将洞口封起来，只留下一个刚好能让老婆把嘴伸出来的小口。然后，老婆就在里面“坐月子”，一直到小宝宝孵化出来，长出羽毛才能一起出洞，差不多需要 4 个月左右。

这段时间，我几乎所有的时间都在外面不停地寻找食物，一次又一次把食物叼回来，通过小小的洞口喂给老婆和孩子，非常劳累。除此以外，在这段时间我还要非常小心，因为老婆在孵育宝宝的期间会进行一次换羽，她这时没有飞翔能力。如果我出了意外，他们母子恐怕也很难活得下去。

因此，伺候“月子”我会变得筋疲力尽，异常消瘦，就像生了一场大病。但这是我的责任，再苦再累，我也不怕。

艾草松鸡

昵称： 大胸松鸡哥

艾草松鸡生活在美洲，身体笨拙，不太喜欢飞行，多在草丛和灌木丛中活动。最令人惊奇的是，雄性的艾草松鸡长着一对能大能小的“胸”，而雌性的艾草松鸡却没有胸。这是怎么回事呢？

大胸松鸡哥

结实的胸膛才是家人安全的保障……

北美洲西部

♡ 红腿红嘴红眼圈，木鞋嘴，戴头盔的鸟

红腿红嘴红眼圈：哇，小姐姐好漂亮！

木鞋嘴：小姐姐，方便加一下你的微信吗？

大胸松鸡哥：你们两个眼神有问题吗？看清楚了，哥是男性，男性！

戴头盔的鸟：这是咋回事呀？你的胸怎么看着像屁股呀！

大胸松鸡哥回复戴头盔的鸟：没一点见识！

作为一个“大胸男孩”没什么丢人的

大胸松鸡哥 动物有话说 10 小时前

大家好，我是“大胸松鸡哥”，一只雄性的艾草松鸡。

正如朋友圈里的照片一样，我长着两个大胸，准确说应该是两个黄色的大气囊。很多人因此嘲笑我，但我一点也不在意，而且我希望我的胸越大越好。你知道为什么吗？告诉你，因为在我们艾草松鸡的审美中，胸越大越美，越能受到关注和青睐。

每年的春天，我们艾草松鸡会举办一场声势浩大的相亲大会。在相亲会上，像我这样的大胸松鸡不仅要展示自己的大胸，还要跳奇特的“抛胸舞”。

开场后，我会挺起胸，用力吸入空气，使胸前的两个气囊鼓胀得像荷包蛋一样。随后挥动翅膀作为辅助，将两个大气囊不断地抛起、抖动，然后呼气让气囊回缩，再重新吸气，重复一遍刚才的动作。这个“抛胸舞”的动作看起来很简单，但我需要不间断地跳上几个小时。艾草松鸡姑娘们则成群在我们附近，欣赏我们的舞蹈，挑选自己喜欢的对象。经过一番斗舞，舞姿最好的会位于舞场的中央，会得到更多艾草松鸡姑娘的芳心。

所以，对我来说，“大胸”一点不丢人，反而越大越好呢。

红腿石鸡

昵称：红腿红嘴红眼圈

红腿石鸡长着很多斑纹，平时喜欢奔跑，遇到紧急情况也会飞，但是飞不远就会落下来。红腿石鸡最引人注目的就是它长着红色的嘴、红色的腿和红眼圈。

红腿红嘴红眼圈

“颜值先生”选美大赛落幕啦！我被评选为“最美先生”的称号。谢谢大会，谢谢评委，谢谢一路支持我的亲人和朋友。

欧洲 · 伊比利亚半岛

♡ 木鞋嘴，大胸松鸡哥，戴头盔的鸟

木鞋嘴：恭喜恭喜，最美先生！

大胸松鸡哥：只听过选“环球小姐”“世界小姐”，从没有听过选什么“最美先生”的。

红腿红嘴红眼圈回复大胸松鸡哥：孤陋寡闻了吧。

戴头盔的鸟：看不出一点美来，一个个红着眼圈还美呢？

红腿红嘴红眼圈回复戴头盔的鸟：正因为红才美，懂吗？

红还是不红，取决于眼圈红不红

红腿红嘴红眼圈　动物有话说　20 分钟前

我是“红腿红嘴红眼圈”，一只红腿石鸡。最近我获得了“最美先生”的称号，一夜之间红遍了大街小巷。

很多人发来私信问我是怎么红起来的，怎么变成“最美先生”的。在这里我告诉大家，红还是不红，取决于自己的眼圈有多红。

见过我们红腿石鸡的朋友对我们肯定有印象，我们的腿、嘴和眼圈都是红的。因此，在我们的审美中，美和丑就取决于眼圈红不红，有多红。眼圈颜色越红、红腿越鲜艳的石鸡小伙就越漂亮，越能受到大家的关注。同时，眼圈“红还是不红”，还是红腿石鸡姑娘找伴侣的重要标准。

我眼圈的红色来自胡萝卜素，你平时看见的红色的胡萝卜就是因为富含胡萝卜素而呈现红色。我会将胡萝卜素沉积在脚、嘴和眼圈的周围，形成鲜艳的红色。

所以说，如果有什么秘诀能让你红的话，就多吃点胡萝卜吧。哈哈哈！

图书在版编目（CIP）数据

如果动物也有朋友圈：全4册/知舟著.--北京：北京理工大学出版社，2022.7

ISBN 978-7-5763-0942-3

Ⅰ.①如… Ⅱ.①知… Ⅲ.①动物－儿童读物 Ⅳ.①Q95-49

中国版本图书馆CIP数据核字(2022)第027540号

出版发行/北京理工大学出版社有限责任公司
社　　址/北京市海淀区中关村南大街5号
邮　　编/100081
电　　话/（010）68914775（总编室）
（010）82562903（教材售后服务热线）
（010）68944723（其他图书服务热线）
网　　址/http：//www. bitpress. com. cn
经　　销/全国各地新华书店
印　　刷/雅迪云印（天津）科技有限公司
开　　本/710毫米×1000毫米　1/16
印　　张/16
字　　数/276千字
版　　次/2022年7月第1版　2022年7月第1次印刷
定　　价/238.00元（全4册）

策划编辑/张艳茹
责任编辑/申玉琴
文案编辑/申玉琴
责任校对/周瑞红
责任印制/施胜娟
排版设计/杨雅冰

动物飞花令

100首动物的诗

知舟 编

北京理工大学出版社
BEIJING INSTITUTE OF TECHNOLOGY PRESS

目录

飞花令 **马**

马上相逢无纸笔，凭君传语报平安。

逢入京使

【唐】岑参

故园东望路漫漫，双袖龙钟泪不干。
马上相逢无纸笔，凭君传语报平安。

九州生气恃风雷，万马齐喑究可哀。

己亥杂诗

【清】龚自珍

九州生气恃风雷，万马齐喑究可哀。
我劝天公重抖擞，不拘一格降人材。

飞花令 **马**

但使龙城飞将在，不教胡马度阴山。

出塞

【唐】王昌龄

秦时明月汉时关，万里长征人未还。

但使龙城飞将在，不教胡马度阴山。

结庐在人境，而无车马喧。

饮酒（其五）

【晋】陶渊明

结庐在人境，而无车马喧。
问君何能尔？心远地自偏。
采菊东篱下，悠然见南山。
山气日夕佳，飞鸟相与还。
此中有真意，欲辨已忘言。

飞花令 **马**

葡萄美酒夜光杯，欲饮琵琶马上催。

凉州词

【唐】王翰

葡萄美酒夜光杯，欲饮琵琶马上催。

醉卧沙场君莫笑，古来征战几人回？

飞花令 **马**

春风得意马蹄疾，一日看尽长安花。

登科后

【唐】孟郊

昔日龌龊不足夸，今朝放荡思无涯。

春风得意马蹄疾，一日看尽长安花。

猿啼洞庭树，人在木兰舟。

楚江怀古（节选）

【唐】马戴

露气寒光集，微阳下楚丘。
猿啼洞庭树，人在木兰舟。

飞花令 **猿**

两岸猿声啼不住，轻舟已过万重山。

早发白帝城

【唐】李白

朝辞白帝彩云间，千里江陵一日还。

两岸猿声啼不住，轻舟已过万重山。

飞花令 **猿**

风急天高猿啸哀，渚清沙白鸟飞回。

登高

【唐】杜甫

风急天高猿啸哀，渚清沙白鸟飞回。
无边落木萧萧下，不尽长江滚滚来。
万里悲秋常作客，百年多病独登台。
艰难苦恨繁霜鬓，潦倒新停浊酒杯。

客来深巷中，犬吠寒林下。

过李楫宅（节选）

【唐】王维

闲门秋草色，终日无车马。

客来深巷中，犬吠寒林下。

飞花令 **犬**

此行无弟子，白犬自相随。

送道者

【唐】贾岛

独向山中见，今朝又别离。

一心无挂住，万里独何之。

到处绝烟火，逢人话古时。

此行无弟子，白犬自相随。

柴门闻犬吠，风雪夜归人。

逢雪宿芙蓉山主人

【唐】刘长卿

日暮苍山远，天寒白屋贫。
柴门闻犬吠，风雪夜归人。

飞花令 **虎**

虎为百兽尊，罔敢触其怒。

画虎

【明】汪广洋

虎为百兽尊，罔敢触其怒。

惟有父子情，一步一回顾。

虎号南山，北风雨雪。

虎号南山一章

【宋】黄庭坚

虎号南山，北风雨雪。
百夫莫为，其下流血。
相彼暴政，几何不虎。
父子相戒，是将食汝。

飞花令 **虎**

想当年，金戈铁马，气吞万里如虎。

永遇乐（节选）

【宋】辛弃疾

千古江山，英雄无觅孙仲谋处。
舞榭歌台，风流总被雨打风吹去。
斜阳草树，寻常巷陌，人道寄奴曾住。
想当年，金戈铁马，气吞万里如虎。

飞花令 **鸟**

众鸟高飞尽，孤云独去闲。

独坐敬亭山

【唐】李白

众鸟高飞尽，孤云独去闲。

相看两不厌，只有敬亭山。

飞花令 鸟

千山鸟飞绝，万径人踪灭。

江雪

【唐】柳宗元

千山鸟飞绝，万径人踪灭。
孤舟蓑笠翁，独钓寒江雪。

飞花令 **鸟**

春去花还在，人来鸟不惊。

画

【唐】王维

远看山有色，近听水无声。
春去花还在，人来鸟不惊。

飞花令 鸟

感时花溅泪，恨别鸟惊心。

春望

【唐】杜甫

国破山河在，城春草木深。

感时花溅泪，恨别鸟惊心。

烽火连三月，家书抵万金。

白头搔更短，浑欲不胜簪。

飞花令 **鸟**

春眠不觉晓，处处闻啼鸟。

春晓

【唐】孟浩然

春眠不觉晓，处处闻啼鸟。
夜来风雨声，花落知多少。

飞花令 **鸟**

月出惊山鸟，时鸣春涧中。

鸟鸣涧

【唐】王维

人闲桂花落，夜静春山空。
月出惊山鸟，时鸣春涧中。

鸡声茅店月，人迹板桥霜。

商山早行（节选）

【唐】温庭筠

晨起动征铎，客行悲故乡。
鸡声茅店月，人迹板桥霜。

飞花令 **鸡**

鸡栖于埘。

君子于役（节选）

《诗经》

君子于役，不知其期。曷至哉？鸡栖于埘。

日之夕矣，羊牛下来。君子于役，如之何勿思！

故人具鸡黍，邀我至田家。

过故人庄

【唐】孟浩然

故人具鸡黍，邀我至田家。
绿树村边合，青山郭外斜。
开轩面场圃，把酒话桑麻。
待到重阳日，还来就菊花。

燕草如碧丝，秦桑低绿枝。

春 思

【唐】李白

燕草如碧丝，秦桑低绿枝。

当君怀归日，是妾断肠时。

春风不相识，何事入罗帏？

落花人独立，微雨燕双飞。

临江仙·梦后楼台高锁

【宋】晏几道

梦后楼台高锁，酒醒帘幕低垂。去年春恨却来时，落花人独立，微雨燕双飞。

记得小蘋初见，两重心字罗衣。琵琶弦上说相思，当时明月在，曾照彩云归。

去年燕子来，帘幕深深处。

生查子·去年燕子来

【宋】辛弃疾

去年燕子来，帘幕深深处。

香径得泥归，都把琴书污。

今年燕子来，谁听呢喃语？

不见卷帘人，一阵黄昏雨。

无可奈何花落去，似曾相识燕归来。

浣溪沙·一曲新词酒一杯

【宋】晏殊

一曲新词酒一杯，去年天气旧亭台。

夕阳西下几时回？

无可奈何花落去，似曾相识燕归来。

小园香径独徘徊。

飞花令 **燕**

旧时王谢堂前燕，飞入寻常百姓家。

乌衣巷

【唐】刘禹锡

朱雀桥边野草花，乌衣巷口夕阳斜。

旧时王谢堂前燕，飞入寻常百姓家。

雁字回时，月满西楼。

一剪梅·红藕香残玉簟秋

【宋】李清照

红藕香残玉簟秋，轻解罗裳，独上兰舟。
云中谁寄锦书来？雁字回时，月满西楼。
花自飘零水自流，一种相思，两处闲愁。
此情无计可消除，才下眉头，却上心头。

征蓬出汉塞，归雁入胡天。

使至塞上

【唐】王维

单车欲问边，属国过居延。
征蓬出汉塞，归雁入胡天。
大漠孤烟直，长河落日圆。
萧关逢候骑，都护在燕然。

鸿雁几时到，江湖秋水多。

天末怀李白（节选）

【唐】杜甫

凉风起天末，君子意如何？
鸿雁几时到，江湖秋水多。

淮南秋雨夜，高斋闻雁来。

闻雁

【唐】韦应物

故园眇何处，归思方悠哉。

淮南秋雨夜，高斋闻雁来。

戍鼓断人行，边秋一雁声。

月夜忆舍弟（节选）

【唐】杜甫

戍鼓断人行，边秋一雁声。

露从今夜白，月是故乡明。

飞花令 **鹰**

饮马长城窟，呼鹰古战场。

再出古北口

【清】赵翼

紫塞秋风紧，凌寒踏晓霜。

潦余沙尽白，关外柳先黄。

饮马长城窟，呼鹰古战场。

平生登览兴，敢惜鬓毛苍。

素练风霜起，苍鹰画作殊。

画鹰（节选）

【唐】杜甫

素练风霜起，苍鹰画作殊。
㩳身思狡兔，侧目似愁胡。

八月边风高，胡鹰白锦毛。

观放白鹰（其一）

【唐】李白

八月边风高，胡鹰白锦毛。
孤飞一片雪，百里见秋毫。

鱼戏莲叶间。

江 南

汉乐府

江南可采莲，莲叶何田田。
鱼戏莲叶间。
鱼戏莲叶东，鱼戏莲叶西，鱼戏莲叶南，
鱼戏莲叶北。

观鱼碧潭上，木落潭水清。

观鱼潭（节选）

【唐】李白

观鱼碧潭上，木落潭水清。

日暮紫鳞跃，圆波处处生。

路人借问遥招手，怕得鱼惊不应人。

小儿垂钓

【唐】胡令能

蓬头稚子学垂纶，侧坐莓苔草映身。

路人借问遥招手，怕得鱼惊不应人。

重围如燕尾，宝剑似鱼肠。

马诗（其二十）

【唐】李贺

重围如燕尾，宝剑似鱼肠。
欲求千里脚，先采眼中光。

飞花令 **鱼**

江上往来人，但爱鲈鱼美。

江上渔者

【宋】范仲淹

江上往来人，但爱鲈鱼美。

君看一叶舟，出没风波里。

北溟有巨鱼，身长数千里。

古风（其三十三）

【唐】李白

北溟有巨鱼，身长数千里。
仰喷三山雪，横吞百川水。
凭陵随海运，燀赫因风起。
吾观摩天飞，九万方未已。

谁使尔为鱼，徒劳诉天帝。

枯鱼过河泣（节选）

【唐】李白

白龙改常服，偶被豫且制。
谁使尔为鱼，徒劳诉天帝。

飞花令 **龟**

鱼戏排缃叶，龟浮见绿池。

荷

【唐】李峤

新溜满澄陂，圆荷影若规。
风来香气远，日落盖阴移。
鱼戏排缃叶，龟浮见绿池。
魏朝难接采，楚服但同披。

神龟虽寿，犹有竟时；

龟虽寿（节选）

【东汉】曹操

神龟虽寿，犹有竟时；
腾蛇乘雾，终为土灰。
老骥伏枥，志在千里；
烈士暮年，壮心不已。

飞花令 **龟**

王府有宝龟，名存骨未朽。

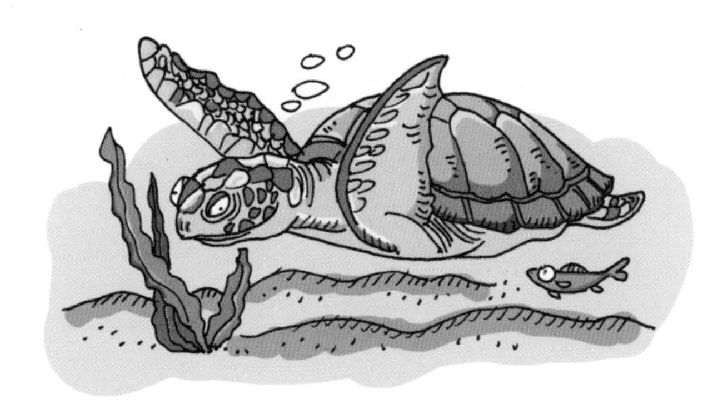

龟（节选）

【宋】梅尧臣

王府有宝龟，名存骨未朽。
初为清江使，因落豫且手。

蛙声篱落下，草色户庭间。

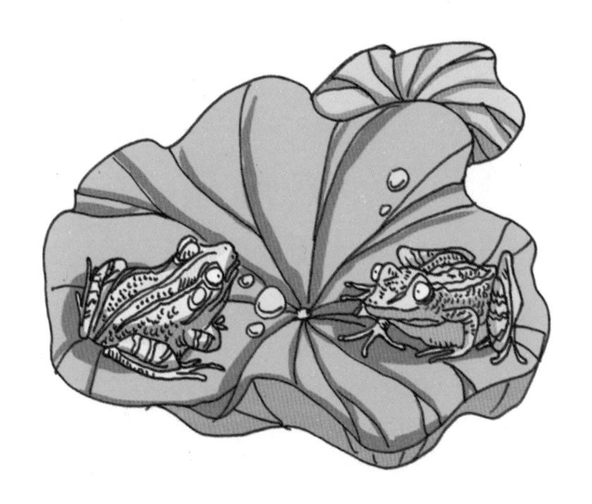

过贾岛野居

【唐】张籍

青门坊外住，行坐见南山。
此地去人远，知君终日闲。
蛙声篱落下，草色户庭间。
好是经过处，唯愁暮独还。

飞花令 **蛙**

薄暮蛙声连晓闹，今年田稻十分秋。

晚春田园杂兴（其四）

【宋】范成大

湔裙水满绿苹洲，上巳微寒懒出游。

薄暮蛙声连晓闹，今年田稻十分秋。

飞花令 **蛙**

黄梅时节家家雨，青草池塘处处蛙。

约 客

【宋】赵师秀

黄梅时节家家雨，青草池塘处处蛙。

有约不来过夜半，闲敲棋子落灯花。

飞花令 **蚕**

雉雊麦苗秀，蚕眠桑叶稀。

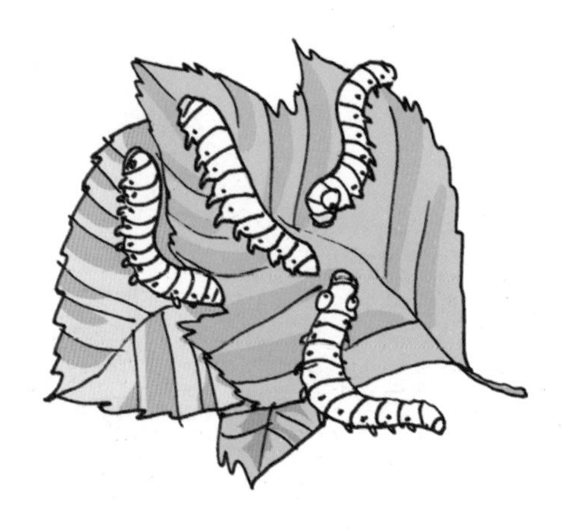

渭川田家（节选）

【唐】王维

斜阳照墟落，穷巷牛羊归。
野老念牧童，倚杖候荆扉。
雉雊麦苗秀，蚕眠桑叶稀。
田夫荷锄至，相见语依依。

飞花令 蚕

春蚕到死丝方尽，蜡炬成灰泪始干。

无题（节选）

【唐】李商隐

相见时难别亦难，东风无力百花残。
春蚕到死丝方尽，蜡炬成灰泪始干。

飞花令 **蚕**

乡村四月闲人少，才了蚕桑又插田。

乡村四月

【宋】翁卷

绿遍山原白满川，子规声里雨如烟。

乡村四月闲人少，才了蚕桑又插田。

飞花令 **蚕**

遍身罗绮者，不是养蚕人。

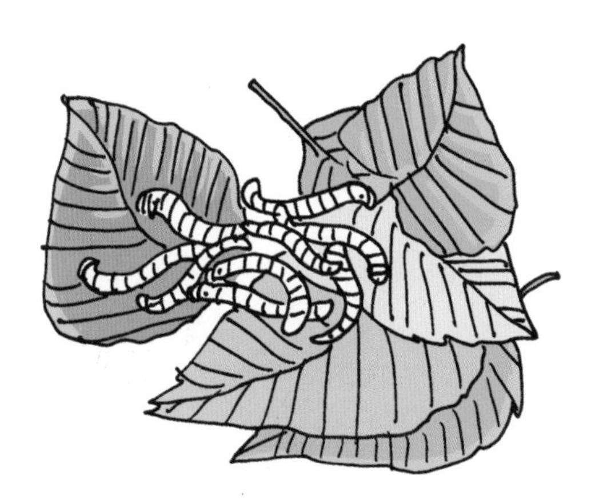

蚕 妇

【宋】张俞

昨日入城市，归来泪满巾。

遍身罗绮者，不是养蚕人。

飞花令 **蝉**

蝉鸣空桑林，八月萧关道。

塞下曲

【唐】王昌龄

蝉鸣空桑林，八月萧关道。
出塞入塞寒，处处黄芦草。
从来幽并客，皆共尘沙老。
莫学游侠儿，矜夸紫骝好。

客去波平槛，蝉休露满枝。

凉思（节选）

【唐】李商隐

客去波平槛，蝉休露满枝。
永怀当此节，倚立自移时。

西陆蝉声唱，南冠客思侵。

在狱咏蝉

【唐】骆宾王

西陆蝉声唱，南冠客思侵。
那堪玄鬓影，来对白头吟。
露重飞难进，风多响易沉。
无人信高洁，谁为表予心。

东家蝴蝶西家飞，白骑少年今日归。

蝴蝶飞

【唐】李贺

杨花扑帐春云热，龟甲屏风醉眼缬。
东家蝴蝶西家飞，白骑少年今日归。

飒飒西风满院栽，蕊寒香冷蝶难来。

题菊花

【唐】黄巢

飒飒西风满院栽，蕊寒香冷蝶难来。

他年我若为青帝，报与桃花一处开。

飞花令 **蝶**

儿童急走追黄蝶，飞入菜花无处寻。

宿新市徐公店

【宋】杨万里

篱落疏疏一径深，树头新绿未成阴。
儿童急走追黄蝶，飞入菜花无处寻。

飞花令 **颜色 + 动物**

白兔捣药成，问言与谁餐？

古朗月行（节选）

【唐】李白

小时不识月，呼作白玉盘。

又疑瑶台镜，飞在青云端。

仙人垂两足，桂树何团团。

白兔捣药成，问言与谁餐？

飞花令 **颜色 + 动物**

故人西辞黄鹤楼，烟花三月下扬州。

黄鹤楼送孟浩然之广陵

【唐】李白

故人西辞黄鹤楼，烟花三月下扬州。

孤帆远影碧空尽，唯见长江天际流。

飞花令 **颜色 + 动物**

千里黄云白日曛，北风吹雁雪纷纷。

别董大

【唐】高适

千里黄云白日曛，北风吹雁雪纷纷。

莫愁前路无知己，天下谁人不识君？

独怜幽草涧边生，上有黄鹂深树鸣。

滁州西涧

【唐】韦应物

独怜幽草涧边生，上有黄鹂深树鸣。
春潮带雨晚来急，野渡无人舟自横。

飞花令 **颜色 + 动物**

月黑雁飞高，单于夜遁逃。

塞下曲

【唐】卢纶

月黑雁飞高，单于夜遁逃。

欲将轻骑逐，大雪满弓刀。

遥望洞庭山水翠，白银盘里一青螺。

望洞庭

【唐】刘禹锡

湖光秋月两相和，潭面无风镜未磨。

遥望洞庭山水翠，白银盘里一青螺。

飞花令 **颜色 + 动物**

千里莺啼绿映红，水村山郭酒旗风。

江南春

【唐】杜牧

千里莺啼绿映红，水村山郭酒旗风。

南朝四百八十寺，多少楼台烟雨中。

飞花令 **颜色 + 动物**

绿阴不减来时路，添得黄鹂四五声。

三衢道中

【宋】曾几

梅子黄时日日晴，小溪泛尽却山行。
绿阴不减来时路，添得黄鹂四五声。

飞花令 **颜色 + 动物**

牧童骑黄牛，歌声振林樾。

所 见

【清】袁枚

牧童骑黄牛，歌声振林樾。

意欲捕鸣蝉，忽然闭口立。

飞花令 **颜色** + **动物**

目穷淮海满如银，万道虹光育蚌珍。

中秋登楼望月

【宋】米芾

目穷淮海满如银，万道虹光育蚌珍。

天上若无修月户，桂枝撑损向西轮。

飞花令 **颜色 + 动物**

中庭地白树栖鸦，冷露无声湿桂花。

十五夜望月寄杜郎中

【唐】王建

中庭地白树栖鸦，冷露无声湿桂花。
今夜月明人尽望，不知秋思落谁家。

飞花令 **颜色 + 动物**

三山半落青天外，二水中分白鹭洲。

登金陵凤凰台

【唐】李白

凤凰台上凤凰游，凤去台空江自流。

吴宫花草埋幽径，晋代衣冠成古丘。

三山半落青天外，二水中分白鹭洲。

总为浮云能蔽日，长安不见使人愁。

飞花令 **颜色 + 动物**

鹅儿黄似酒，对酒爱新鹅。

舟前小鹅儿（节选）

【唐】杜甫

鹅儿黄似酒，对酒爱新鹅。

引颈嗔船逼，无行乱眼多。

飞花令 **颜色 + 动物**

黄鹤一去不复返，白云千载空悠悠。

黄鹤楼（节选）

【唐】崔颢

昔人已乘黄鹤去，此地空余黄鹤楼。

黄鹤一去不复返，白云千载空悠悠。

飞花令 **颜色** + **动物**

绿蚁新醅酒，红泥小火炉。

问刘十九

【唐】白居易

绿蚁新醅酒，红泥小火炉。

晚来天欲雪，能饮一杯无？

晴空一鹤排云上，便引诗情到碧霄。

秋词

【唐】刘禹锡

自古逢秋悲寂寥，我言秋日胜春朝。

晴空一鹤排云上，便引诗情到碧霄。

飞花令 **颜色 + 动物**

牛渚西江夜，青天无片云。

夜泊牛渚怀古（节选）

【唐】李白

牛渚西江夜，青天无片云。

登舟望秋月，空忆谢将军。

飞花令 颜色 + 动物

银烛秋光冷画屏，轻罗小扇扑流萤。

秋 夕

【唐】杜牧

银烛秋光冷画屏，轻罗小扇扑流萤。
天阶夜色凉如水，卧看牵牛织女星。

野堂青草覆，山市白驴过。

书适

【宋】陆游

心清绝欲早，才薄去官多。
月下时闲钓，云边每浩歌。
野堂青草覆，山市白驴过。
也有成功处，新降百万魔。

飞花令 **颜色 + 动物**

回仙轻举乘白鹤，太白大醉骑鲸鱼。

杂咏七言十首（其三）

【宋】刘克庄

回仙轻举乘白鹤，太白大醉骑鲸鱼。
纯湖飞过人不识，入海问讯今何如。

飞花令

两种动物

风吹草低见牛羊。

敕勒歌

【北朝民歌】

敕勒川，阴山下。天似穹庐，笼盖四野。

天苍苍，野茫茫。风吹草低见牛羊。

飞花令 **两种动物**

狗吠深巷中，鸡鸣桑树颠。

归园田居（其一）

【晋】陶渊明

少无适俗韵，性本爱丘山。误落尘网中，一去三十年。

羁鸟恋旧林，池鱼思故渊。开荒南野际，守拙归园田。

方宅十余亩，草屋八九间。榆柳荫后檐，桃李罗堂前。

暧暧远人村，依依墟里烟。狗吠深巷中，鸡鸣桑树颠。

户庭无尘杂，虚室有余闲。久在樊笼里，复得返自然。

飞花令

两种动物

花落草齐生，莺飞蝶双戏。

清明即事

【唐】孟浩然

帝里重清明，人心自愁思。
车声上路合，柳色东城翠。
花落草齐生，莺飞蝶双戏。
空堂坐相忆，酌茗聊代醉。

飞花令

两种动物

漠漠水田飞白鹭，阴阴夏木啭黄鹂。

积雨辋川庄作（节选）

【唐】王维

积雨空林烟火迟，蒸藜炊黍饷东菑。
漠漠水田飞白鹭，阴阴夏木啭黄鹂。

飞花令

两种动物

草枯鹰眼疾，雪尽马蹄轻。

观猎

【唐】王维

风劲角弓鸣，将军猎渭城。
草枯鹰眼疾，雪尽马蹄轻。
忽过新丰市，还归细柳营。
回看射雕处，千里暮云平。

飞花令

两种动物

龟游莲叶上，鸟宿芦花里。

姑孰十咏·丹阳湖

【唐】李白

湖与元气连，风波浩难止。
天外贾客归，云间片帆起。
龟游莲叶上，鸟宿芦花里。
少女棹归舟，歌声逐流水。

飞花令 **两种动物**

泥融飞燕子，沙暖睡鸳鸯。

绝 句

【唐】杜甫

迟日江山丽，春风花草香。

泥融飞燕子，沙暖睡鸳鸯。

飞花令

两种动物

两个黄鹂鸣翠柳，一行白鹭上青天。

绝 句

【唐】杜甫

两个黄鹂鸣翠柳，一行白鹭上青天。

窗含西岭千秋雪，门泊东吴万里船。

飞花令 **两种动物**

留连戏蝶时时舞，自在娇莺恰恰啼。

江畔独步寻花（其六）

【唐】杜甫

黄四娘家花满蹊，千朵万朵压枝低。
留连戏蝶时时舞，自在娇莺恰恰啼。

飞花令 **两种动物**

细雨鱼儿出，微风燕子斜。

水槛遣心

【唐】杜甫

去郭轩楹敞，无村眺望赊。
澄江平少岸，幽树晚多花。
细雨鱼儿出，微风燕子斜。
城中十万户，此地两三家。

飞花令 **两种动物**

几处早莺争暖树，谁家新燕啄春泥。

钱塘湖春行

【唐】白居易

孤山寺北贾亭西，水面初平云脚低。
几处早莺争暖树，谁家新燕啄春泥。
乱花渐欲迷人眼，浅草才能没马蹄。
最爱湖东行不足，绿杨阴里白沙堤。

飞花令

两种动物

老兔寒蟾泣天色，云楼半开壁斜白。

梦天

【唐】李贺

老兔寒蟾泣天色，云楼半开壁斜白。

玉轮轧露湿团光，鸾珮相逢桂香陌。

黄尘清水三山下，更变千年如走马。

遥望齐州九点烟，一泓海水杯中泻。

飞花令

两种动物

庄生晓梦迷蝴蝶，望帝春心托杜鹃。

锦 瑟

【唐】李商隐

锦瑟无端五十弦，一弦一柱思华年。
庄生晓梦迷蝴蝶，望帝春心托杜鹃。
沧海月明珠有泪，蓝田日暖玉生烟。
此情可待成追忆？只是当时已惘然。

飞花令

两种动物

金钱饶孔雀，锦段落山鸡。

鸾凤（节选）

【唐】李商隐

旧镜鸾何处，衰桐凤不栖。
金钱饶孔雀，锦段落山鸡。

飞花令

两种动物

西塞山前白鹭飞，桃花流水鳜鱼肥。

渔歌子

【唐】张志和

西塞山前白鹭飞，桃花流水鳜鱼肥。

青箬笠，绿蓑衣，斜风细雨不须归。

飞花令

两种动物

日长篱落无人过，惟有蜻蜓蛱蝶飞。

四时田园杂兴

【宋】范成大

梅子金黄杏子肥，麦花雪白菜花稀。
日长篱落无人过，惟有蜻蜓蛱蝶飞。

飞花令

两种动物

明月别枝惊鹊，清风半夜鸣蝉。

西江月·夜行黄沙道中

【宋】辛弃疾

明月别枝惊鹊，清风半夜鸣蝉。

稻花香里说丰年，听取蛙声一片。

七八个星天外，两三点雨山前。

旧时茅店社林边，路转溪桥忽见。

飞花令

两种动物

水满有时观下鹭，草深无处不鸣蛙。

幽居初夏（节选）

【宋】陆游

湖山胜处放翁家，槐柳阴中野径斜。

水满有时观下鹭，草深无处不鸣蛙。

飞花令

两种动物

莫笑农家腊酒浑，丰年留客足鸡豚。

游山西村（节选）

【宋】陆游

莫笑农家腊酒浑，丰年留客足鸡豚。

山重水复疑无路，柳暗花明又一村。

飞花令

两种动物

枯藤老树昏鸦，小桥流水人家，古道西风瘦马。

天净沙·秋思

【元】马致远

枯藤老树昏鸦，小桥流水人家，古道西风瘦马。

夕阳西下，断肠人在天涯。